ACCESOS VASCULARES PARA HEMODIALISIS:

LAS FAVIS.6.0

INDICE

1.- Capítulo sexto: Catéteres venosos centrales

1.1.- Indicaciones

1.2.- Selección del catéter

1.3.- Inserción del catéter

1.4.- Control de la cateterización

1.5.- Manipulación

1.6.- Sustitución

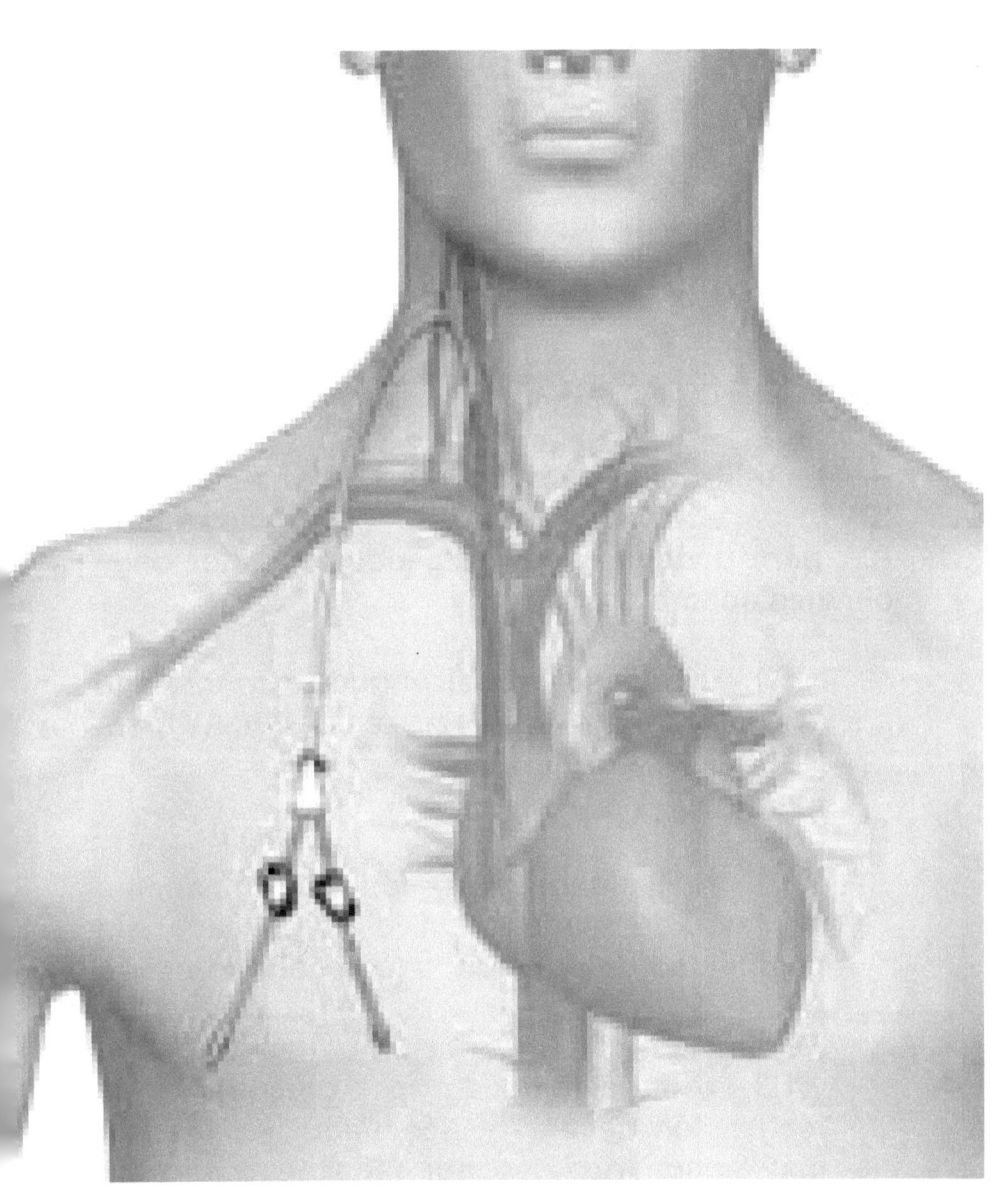

CAPÍTULO SEXTO
CATÉTERES VENOSOS CENTRALES

1.1.- INDICACIONES

NORMAS DE ACTUACIÓN

La utilización de catéteres venosos centrales (CVC) para HD no es una primera opción como AV, pero pueden estar indicados en situaciones clínicas concretas:

1.1.1.- Fracaso renal agudo o crónico agudizado en el que se precise un AV para HD de forma urgente.
Evidencia A

1.1.2.- Necesidad de HD con AV permanente en fase de maduración o complicada sin posibilidad de punción, a la espera de nuevo AV.
Evidencia A

1.1.3.- Imposibilidad o dificultad de realización de un AV adecuado, ya sea por mal lecho arterial o por falta de desarrollo venoso.
Evidencia B

1.1.4.- Hemodiálisis por períodos cortos en espera de trasplante renal de vivo.
Evidencia C

1.1.5.- Pacientes con circunstancias especiales: esperanza de vida inferior a un año, estado cardiovascular que contraindique la realización de AV, deseo expreso del paciente, etc.
Evidencia C

Long Term

Split Cath®
Split Stream®
Eschelon™
Bio-Flex® Tesio®
Titan HD™
Hemo-Flow®
Hemo-Cath® LT

RAZONAMIENTO

La hemodiálisis de mantenimiento es una modalidad de tratamiento sustitutivo renal que requiere de un acceso vascular de larga duración. Dicho acceso se consigue con la realización de una fístula arteriovenosa autóloga o protésica. El empleo de catéteres en las venas centrales constituye una alternativa al AV permanente ya que proporciona un acceso al torrente circulatorio de forma rápida y permite la realización de una diálisis eficaz.

En EEUU más de 200.000 personas necesitan HD, estimándose que alrededor de 250.000 catéteres son insertados al año. Por otro lado un 60% de los pacientes que inician diálisis lo hacen mediante un catéter y un 30% de los que reciben diálisis de mantenimiento lo hacen con un catéter1. En Europa la incidencia es menor oscilando entre un 15 y 50%2. Un reciente estudio sobre la distribución del AV en España demostró que los CVC constituyen el primer acceso vascular, estimándose una implantación anual de 12.000 (CVC) en su mayoría temporales (60%), si bien el acceso definitivo es la fístula arteriovenosa en el 81% de los casos3.

La utilización de CVC como AV definitivo para HD no debe considerarse como primera opción, ya que existen otros accesos que ofrecen mejores resultados y menor grado de complicaciones4-8. Por lo tanto, deberán ser utilizados sólo en aquellos pacientes en los que no sea posible el uso de una FAVI ó prótesis arteriovenosa, ya sea por imposibilidad de creación (por ausencia de arterias con un flujo adecuado) o en espera de desarrollo adecuado, en pacientes con contraindicación para diálisis peritoneal, ante un fracaso renal agudo, a la espera de un trasplante renal o en aquellos que por circunstancias especiales (enfermedad maligna, estado cardiovascular) deseen o sea necesario dicho acceso9.

1.2.- SELECCIÓN DEL CATÉTER NORMAS DE ACTUACIÓN

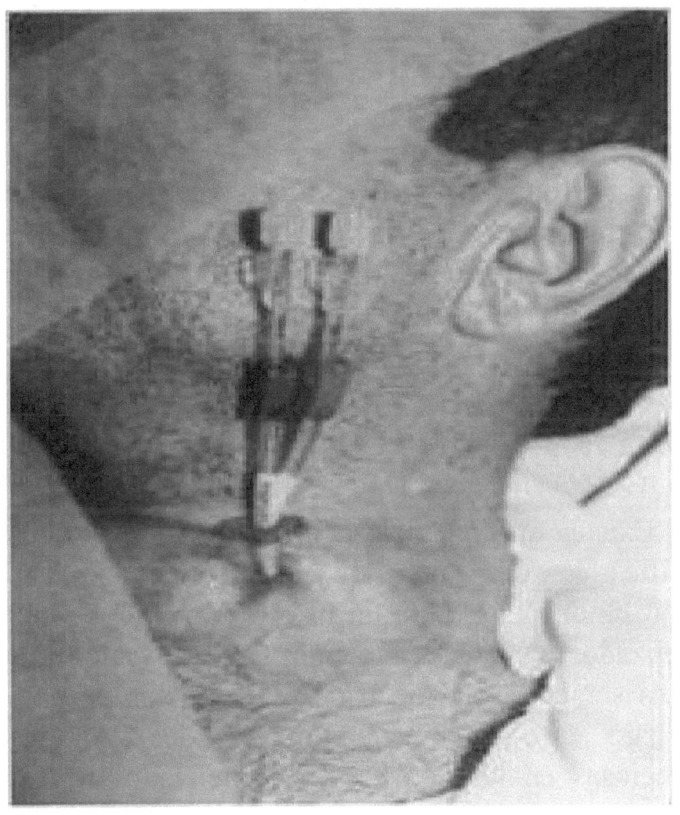

1.2.1.- Los catéteres no tunelizados se asocian con mayores tasas de complicaciones, por lo que su uso se

reservará para periodos de tiempo previstos inferiores a tres semanas.
Evidencia B

1.2.2.- La longitud será la menor posible, para maximizar el flujo obtenido. Se recomiendan tramos intravasculares de 15 cm en yugular derecha, 20 cm en yugular izquierda, y de 20 a 25 cm en femorales.
Evidencia B

1.2.3.- El calibre será suficiente para garantizar un flujo adecuado para la HD. En catéteres de doble luz para adultos se recomiendan 11 ó 12 F para no tunelizados y de 13 a 15 F para tunelizados.
Evidencia B

RAZONAMIENTO

Existen discrepancias en la literatura a la hora de clasificar los CVC para HD. Se recomienda clasificarlos en no tunelizados (para un uso inferior a 3-4 semanas) y tunelizados cuando se pretenda una utilización mayor de cuatro semanas. La razón de esta división se basa en el hallazgo de un mayor número de complicaciones infecciosas en los catéteres no tunelizados[10,11], por lo que estos catéteres se reservan para pacientes que necesiten HD por fracaso renal agudo en los que sea previsible una utilización inferior a tres semanas, periodo a partir del cual aumenta la incidencia de infecciones[12].

Los CVC no tunelizados suelen ser semirrígidos, de poliuretano, oscilando su longitud entre 15 y 25 cm. Su forma es recta, con extensiones rectas o curvadas según la vena a canalizar (curvadas para yugular y subclavia y rectas en femoral).

El CVC para implantación en femoral debe tener un mínimo de 19 cm de longitud para evitar recirculación y problemas de flujo. Tienen la ventaja de que pueden ser colocados en la cama del paciente y ser utilizados de forma inmediata. Los CVC tunelizados suelen ser de silicona y de poliuretano o de copolímeros (carbotano), con longitud variable según la vena a canalizar y el tipo de catéter. Suelen llevar un rodete de dacron o poliéster en su parte extravascular que tiene como objeto provocar fibrosis para impedir el paso de agentes infecciosos y actuar como anclaje. Deben ser colocados en salas especiales (quirófano, sala de radiología, etc.) y aunque pueden ser usados inmediatamente, parece prudente esperar 24-48 horas antes de su uso13,14,

Existen otros catéteres de polietileno o teflón, pero no suelen ser utilizados actualmente. El material utilizado para la fabricación de los catéteres es importante, ya que existen determinadas soluciones antibióticas o antisépticas que se usan habitualmente y que son incompatibles con el mismo. El alcohol, el polietilenglicol que contiene la crema de mupirocina o la povidona iodada interfieren con el poliuretano y pueden romper el catéter. La povidona iodada también interfiere con la silicona produciendo su degradación y rotura16.

La longitud del catéter varía según la vena a canalizar y se acepta generalmente una longitud de 15 cm para catéteres en yugular interna derecha, de 20 cm para yugular interna izquierda, y de 20 a 24 cm en vena femoral. El diámetro externo del catéter oscila entre 11 y 14 French. La porción extravascular en los tunelizados suele ser de unos 8 a 10 cm15. La longitud total excesiva reduce los flujos y por tanto, la calidad de la diálisis.

El diseño de los catéteres puede ser con ambas luces simétricas (en Doble D o en doble O, también llamado cañón de escopeta). También existen diseños con la luz arterial circular y la venosa en semiluna. Las luces de sección circular tienen la ventaja de no colapsarse en los acodamientos o ante presiones muy negativas.

Como desventaja, el calibre interno suele ser menor para un mismo calibre externo.

La mejoría de los materiales modernos (poliuretano, copolímeros, etc.) ha mejorado los calibres internos y por tanto los flujos obtenidos sin aumentar el calibre externo.

Los diseños precurvados minimizan el riesgo de acodamientos, pero implican una colocación de la punta a una distancia fija de la curva que rodea la clavícula, y por tanto pueden no ser adecuados para pacientes con talla no estándar.

Los nuevos copolímeros pudieran ser materiales menos trombogénicos, pero no disponemos de estudios aleatorizados al respecto Otras características del diseño son el orificio lateral del extremo arterial, cuya utilidad es muy debatida, la distancia entre orificios arterial y venoso, que debe ser superior a 2,5 cm para evitar recirculación, y el diseño y material de las extensiones y conexiones, que deben ser muy resistentes para evitar roturas que suelen suponer la necesidad de cambiar el catéter. Existen catéteres impregnados en sulfadiazina, que parecen infectarse menos, pero tienen más reacciones cutáneas. No existen evidencias que apoyen su uso rutinario (véase capítulo 1.10).

De cualquier forma, los estudios comparativos de diferentes tipos de catéteres[17-20] no han logrado demostrar diferencias significativas, por lo que la hipertensión arterial o la diabetes son factores predictores mucho más importantes que el material y el diseño, sobre la función y duración de un catéter

1.3.- INSERCIÓN DEL CATÉTER

La inserción de un catéter vascular para hemodiálisis es una técnica no exenta de riesgos. La frecuencia de aparición de complicaciones es muy variable entre distintas unidades, dependiendo sobre todo de la experiencia y en menor grado de las condiciones del entorno en el que se implanta el catéter.

NORMAS DE ACTUACIÓN

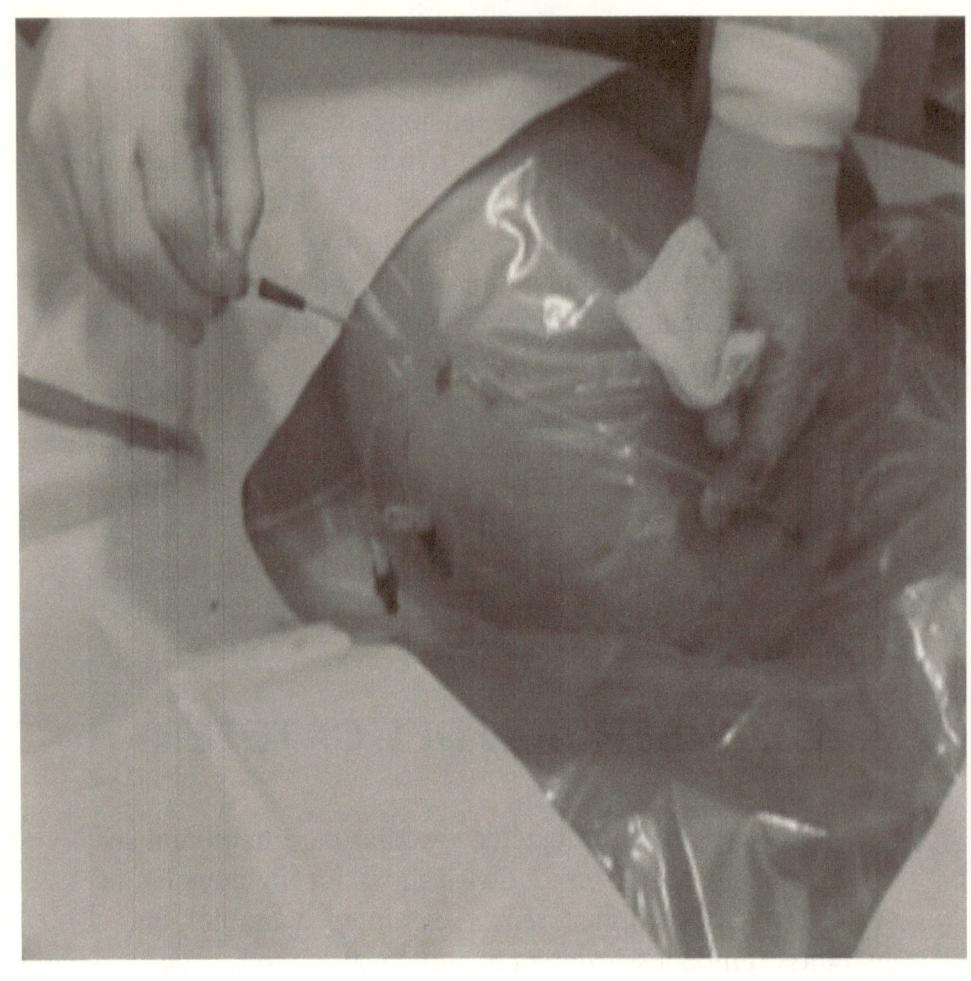

1.3.1.- Los catéteres han de ser implantados por personal facultativo familiarizado con la técnica.
Evidencia B

1.3.2.- Los CVC han de ser colocados en condiciones asépticas. Los CVC tunelizados

han de ser colocados en una sala con control de imagen.
Evidencia B

1.3.3.- La primera elección en la localización de un CVC tunelizado es la vena yugular interna derecha.
Evidencia A

1.3.4.- En los pacientes que vayan a necesitar un AV permanente, se evitará canalizar las venas subclavias.
Evidencia B

1.3.5.- Si existe un AV en fase de maduración, han de evitarse los catéteres en las venas yugulares o subclavias ipsilaterales.
Evidencia B

1.3.6.- Los CVC para HD han de colocarse inmediatamente antes de su utilización y retirarse en cuanto dejen de ser necesarios.
Evidencia B

1.3.7.- La punta del CVC debe situarse en la entrada de la aurícula para los no tunelizados, y en la propia aurícula derecha en los tunelizados.
Evidencia B

RAZONAMIENTO

Personal

Los catéteres deben ser implantados por personal facultativo familiarizado con la técnica (nefrólogos, radiólogos vasculares o cirujanos) y que hayan demostrado suficiente experiencia. Algunos autores cifran esta experiencia en al menos 50 cateterizaciones[17-22]. La utilización de técnicas guiadas por imagen en salas de radiología intervencionista aporta ventajas teóricas, aunque no existen series que demuestren una menor morbilidad asociada a su uso. Sin embargo, la progresiva implicación de los radiólogos en este campo[23] se ha traducido en buenos resultados aunque limitados a países en los que previamente los colocaban los cirujanos[24-31]. Estas series son casi siempre secuenciales y no aclaran totalmente si los mejores resultados se deben al personal, a los medios técnicos de control por imagen o a la mayor experiencia alcanzada.

Lugar

Condicionado a menudo por la utilización de sistemas de imagen para control de la inserción, los CVC tunelizados se deben colocar en una sala con condiciones asépticas. La colocación de catéteres femorales en la propia cama del paciente debe evitarse siempre que sea posible, tanto por asepsia como por las dificultades técnicas derivadas de la poca rigidez del colchón y de la mala postura del médico que realiza la inserción. Se ha señalado que la utilización de salas de radiología intervensionista reduce las complicaciones, los costes y las estancias hospitalarias24-30.

Localización

Las venas generalmente canalizadas son, por este orden, venas yugulares interna derecha e izquierda, venas yugulares externas, venas subclavias derecha e izquierda y venas femorales derecha e izquierda. Excepcionalmente se ha utilizado la vena cava inferior, vena safena y la arteria aorta por punción translumbar. La vena yugular interna es la vena elegida más frecuentemente debido a su fácil accesibilidad y al menor número de complicaciones. El segundo lugar de elección está sujeto a controversia y debe consensuarse en función de las características anatómicas y funcionales del paciente. En la ERC, la vena subclavia debe canalizarse sólo cuando las demás vías hayan sido agotadas, ya que se asocia con un aumento de incidencia de estenosis13,14-22,32-35. En los casos en los que se vaya a realizar

un AV en un brazo concreto, debe evitarse la utilización de las yugulares (y mucho menos la subclavia) de ese lado.

La flebografía previa es muy recomendable en los casos en que se hayan colocado catéteres o se hayan realizado AV previos24,32-34. Para evitar acodamientos del catéter en el caso de los CVC tunelizados y molestias al mover el cuello en el caso de los no tunelizados, es recomendable el abordaje de la yugular en su parte baja, por detrás del esternocleidomastoideo o por el hueco entre las inserciones esternal y clavicular del este músculo.

Momento

Los CVC no tunelizados deben colocarse en el mismo día que vayan a ser utilizados para la HD25. Los CVC tunelizados pueden colocar inmediatamente antes de ser utilizados, pero parece prudente hacerlo 24 a 48 horas antes13-18. Los catéteres de poliuretano utilizados inmediatamente tras su colocación presentan a menudo dificultades de alcanzar un flujo adecuado, que desaparecen espontáneamente a las 24 horas.

Técnica

La técnica empleada suele ser similar en función de la vena a canalizar, aunque varía según el tipo de catéter a emplear. Una vez localizada e identificada la vena y tras el empleo de antisépticos (clorhexidina al 0.5 a 2%, o povidona al 70%, dejándola actuar al menos 3 min), se anestesia la piel y el tejido circundante. Se inserta una aguja Nº 21 y una vez localizada la vena se introduce una guía metálica a través de la misma. En un paso posterior se retira la aguja, se introduce un dilatador y posteriormente el catéter a utilizar. Finalmente, tras comprobar el correcto funcionamiento del catéter, se fija a la piel con seda y se sella con heparina sódica según las recomendaciones del fabricante del catéter. La tunelización subcutánea se realiza desde el lugar de punción hasta el lugar de salida al exterior (generalmente en la parte anterior y superior del tórax si se trata de vena yugular o subclavia y en abdomen si se trata de femoral o cava inferior).

La tunelización varía según el catéter utilizado, realizándose la tunelización previa a la inserción vascular en los catéteres de una sola pieza (la mayoría de los de doble luz), o posteriormente a la inserción del mismo en los que tienen extensiones que se montan a posteriori.

Debe evitarse la colocación de CVC ipsilaterales a donde se realizó recientemente un AV, ya que el riesgo de estenosis comprometerá el futuro desarrollo y funcionamiento del acceso13-23,34. Existen consideraciones especiales para determinados catéteres. En los CVC tunelizados se debe calcular y señalar la posición del orificio cutáneo antes de la inserción, con el paciente en bipedestación, para evitar la tracción del catéter por la caída ortostática del pliegue cutáneo que se produce en obesos36,37. La distancia del anillo de fijación interno a la piel debe ser de unos 2 cm para catéteres de poliuretano y 1 a 1,5 cm para los de silicona (más elásticos), teniendo en cuenta las longitudes del catéter, para que la punta se sitúe en la unión de la cava superior con la aurícula derecha, evitando que toque la válvula tricúspide. Las complicaciones arrítmicas e incluso de perforación cardiaca se han descrito con catéteres no tunelizados, generalmente de polietileno y con punta aguda,38-41. La salida cutánea del catéter debe ser cráneocaudal42, preferiblemente en zonas paramediales, evitando la proximidad de las axilas para prevenir tracciones accidentales del catéter.

1.4.- CONTROL DE LA CATETERIZACIÓN

El empleo de técnicas de imagen (ecografía, fluoroscopia, etc.) es altamente recomendable. Nadie duda de que si se dispone de un apoyo de imagen debe ser utilizado, pero en muchos hospitales no es fácil el acceso a estas técnicas, sobre todo por la premura con la que habitualmente se deben colocar los CVC para HD.

Nos limitamos a señalar las evidencias de que actualmente se disponen, insistiendo en que el "efecto centro" es muy importante en estos temas26.

NORMAS DE ACTUACIÓN

**1.4.1.- El uso de la Ultrasonografía reduce las tasas de complicaciones asociadas a la punción venosa (RR de 0,22) y la de fracasos de la colocación.
Evidencias C y A**

1.4.2.- La posición de la punta del catéter debe ser comprobada por fluoroscopia o radiografía en los casos en que se aprecie disfunción del catéter durante su uso. La recolocación no debe diferirse, por lo que el control radiológico debe ser precoz.
Evidencias A y B

1.4.3.- La realización de una radiografía de tórax tras la colocación de catéteres no tunelizados es aconsejable aunque no se sospechen complicaciones o malposición.
Evidencia A

RAZONAMIENTO

Eco-Doppler

Algunos autores han demostrado un 27% de variaciones anatómicas de la vena yugular interna respecto a la arteria carótida43 y otros han reflejado la ausencia o la trombosis total de la vena yugular interna en el 18% de los pacientes en diálisis cuando han sido examinados con ultrasonidos13. Tras los resultados de un metaanálisis que demuestran una reducción considerable del número de complicaciones con la utilización de ultrasonografía frente a otras técnicas (riesgo relativo 0,22), parece recomendable la utilización de eco-Doppler para la identificación en tiempo real de las venas a cateterizar con el objeto de minimizar las complicaciones derivadas de la punción44.

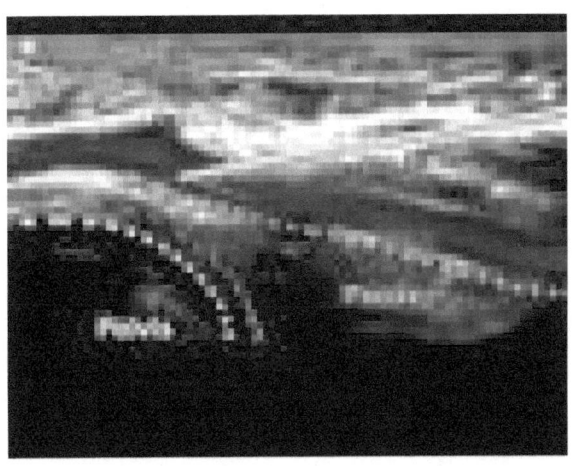

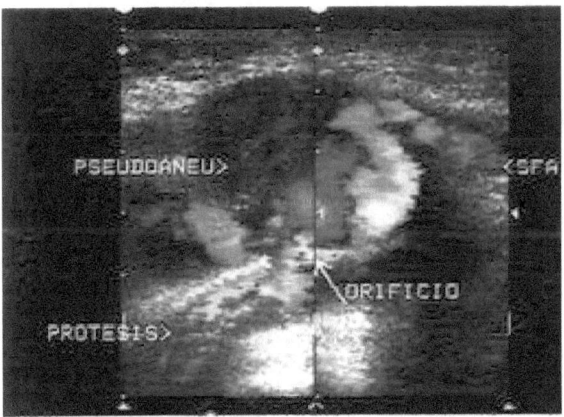

Fluoroscopia

En el caso de implantar un catéter tunelizado es conveniente realizar un control fluoroscópico para comprobar la localización de la punta de catéter: en el caso de catéteres no tunelizados se recomienda en la unión de la aurícula derecha y la vena cava superior y en tunelizados en aurícula derecha. Es necesario comprobar su correcta ubicación en inspiración forzada ya que en determinados pacientes dicha posición puede variar y ser una causa de disfunción del catéter. Cuando son dos los catéteres (Tesio, Twin), la punta del catéter venoso debe estar situada en la aurícula derecha y la punta del catéter arterial en la unión de la vena cava superior con la aurícula derecha dejando entre los extremos de los catéteres una distancia de 4 cm para evitar recirculación[13,17-20]. Algún autor recomienda en pacientes obesos o con grandes mamas, la colocación de ambas puntas de catéter en aurícula derecha[20]. La colocación del catéter arterial en vena cava inferior junto a la salida de la suprahepática es una opción interesante en pacientes obesos o broncópatas, para asegurar un mejor flujo. Cuando se emplean catéteres no tunelizados la correcta ubicación de la punta del catéter es en la vena cava superior ya que, debido al material con el que están fabricados y que les confiere una gran rigidez, pueden perforar la aurícula[13].

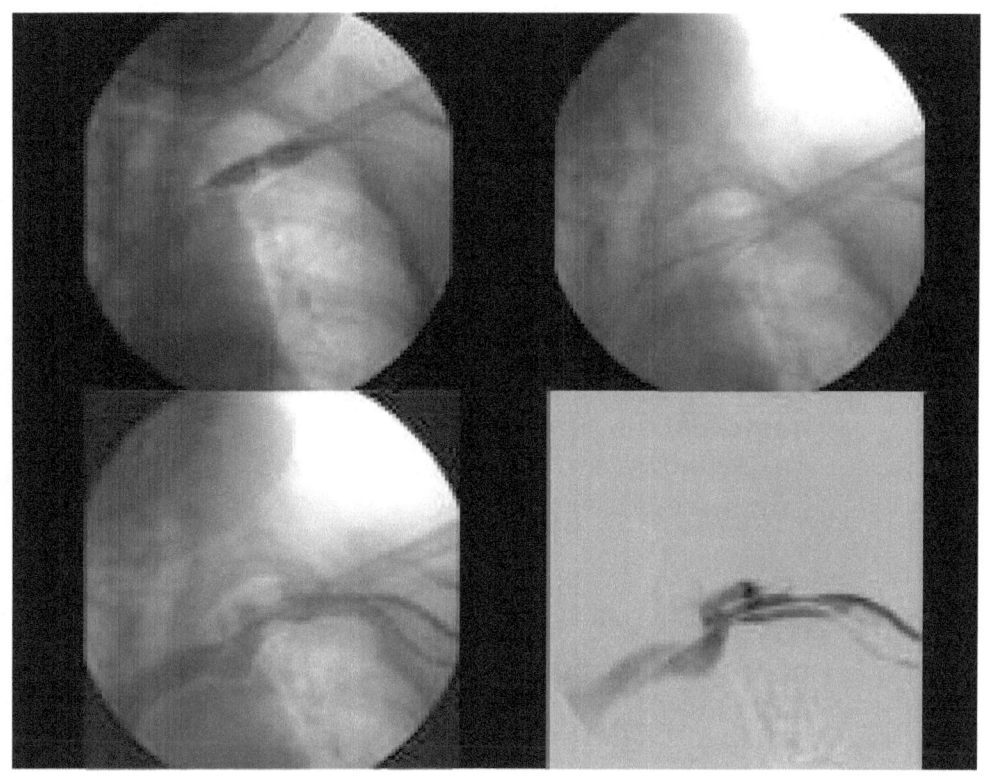

Radiografía de tórax postinserción

En todos los casos en los que se canalicen venas subclavias o yugulares, es conveniente realizar una radiografía de tórax para descartar complicaciones y comprobar la correcta ubicación del catéter. Sin embargo, si la utilización para diálisis es inmediata, los flujos y presiones son adecuados, y la inserción cursó sin complicaciones clínicas, no es imprescindible el control radiológico previo. En los casos de catéter tunelizado, el control de la posición de la punta antes de que el anillo de dacron cicatrice, permite movilizar el catéter y que se fije en una nueva posición.

1.5.- MANIPULACIÓN

NORMAS DE ACTUACIÓN

1.5.1.- Los catéteres vasculares para hemodiálisis únicamente deben ser usados para realizar las sesiones de hemodiálisis.
Evidencia B

1.5.2.- Las conexiones y desconexiones deberán ser realizadas únicamente por personal especializado de las unidades de diálisis.
Evidencia B

1.5.3.- Las maniobras de conexión y desconexión se realizarán bajo medidas universales de asepsia.
Evidencia A

1.5.4.- Los cuidados de la piel junto al catéter son esenciales. No se recomiendan los antisépticos alcohólicos, ni las pomadas, ni los apósitos no transpirables.
Evidencia B

1.5.5.- El sellado de las luces del catéter entre dos sesiones de diálisis se hace habitualmente con heparina, que se extrae al

comienzo de cada diálisis. Otros agentes como el citrato, la poligelina o la urokinasa son igualmente efectivos, pero mucho más caros.
Evidencia B

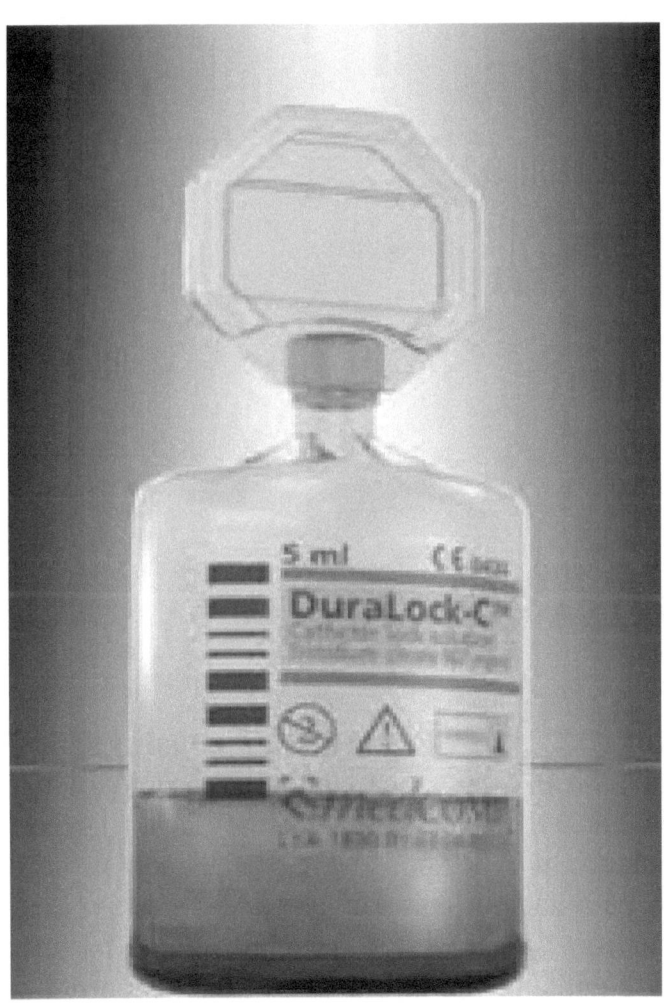

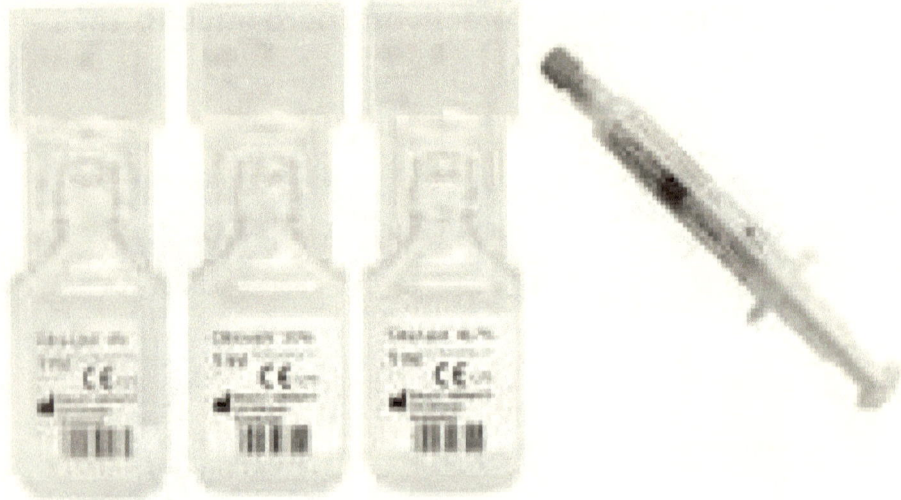

RAZONAMIENTO

Los CVC para HD a veces son la única opción para dializar a un paciente y en cualquier caso condicionan la supervivencia del mismo. Por ello no deben ser manipulados por personal no especializado ni se deben utilizar para nada diferente a las conexiones al circuito de hemodiálisis La asepsia es esencial, ya que su infección supone habitualmente la retirada y sustitución del catéter en un paciente con vías de acceso limitadas.

El punto de inserción cutáneo o en su caso el túnel subcutáneo debe revisarse en cada diálisis buscando puntos de dolor, inflamación o supuración. Son útiles los apósitos trasparentes para evitar las curas innecesarias.

Se debe recomendar al paciente que notifique al personal sanitario encargado de su cuidado cualquier cambio en el punto de inserción del catéter o nuevas molestias.

Los registros de enfermería deben incluir el nombre del profesional que colocó el catéter, la fecha y hora de inserción y cualquier reemplazo y manipulación efectuada en el mismo, en un lugar visible de la historia clínica o registro de enfermería.

Para la manipulación de las conexiones, conexión al circuito de diálisis y sellado del catéter al final de la misma, se recomienda efectuar un lavado higiénico de las manos y utilizar campo y guantes estériles. Tanto el paciente como el personal usarán mascarilla. Es conveniente utilizar un doble apósito, para el orificio de salida cutáneo, y para los extremos del catéter, pinzas y tapones. Se considera que los apósitos de los catéteres no tunelizados deberían cambiarse cada dos días si son de gasa, y cada semana si son transparentes transpirables (hay que evitar al máximo el contacto con el lugar de inserción del catéter cuando se recambie el apósito).

En los catéteres tunelizados, el orificio de salida debe curarse una vez por semana evitando lesionar la piel con curas excesivas, y cubrirse con un apósito que evite la maceración de la piel. Los extremos del catéter deben cubrirse con un apósito diferente, acolchado para evitar tracciones.

La cura cutánea se realizará una vez iniciada la sesión de diálisis, utilizando un nuevo par de guantes estériles.

Como antiséptico es recomendable la clorhexidina al 2%[45]; ya que la povidona iodada necesita al menos tres minutos para ejercer su acción[46], es bacteriostática al igual que el alcohol y ha demostrado que puede ser perjudicial para el catéter, llegando incluso a corroer el mismo hasta su rotura[13,15]. El uso de mupirocina intranasal ha disminuido el número de infecciones en portadores nasales pero se han desarrollado resistencias por lo que su uso es motivo de controversia[47,48].

Pueden usarse indistintamente apósitos transparentes semipermeables estériles o gasas estériles, recomendándose estas últimas para aquellos casos en los que el punto de inserción rezume sangre o en los casos en los que el paciente sude profusamente. Debe cambiarse el apósito cuando se humedezca, suelte o ensucie.

Se recomienda recambiar el apósito con más frecuencia en aquellos pacientes que suden profusamente.

No es conveniente sumergir el catéter bajo el agua. Está permitido ducharse siempre y cuando se tomen las medidas adecuadas para disminuir el riesgo de entrada de microorganismos en el catéter (se recomienda proteger el catéter y conexión con un recubrimiento impermeable durante la ducha).

Existen experiencias limitadas a pacientes seleccionados a los que se permite el baño en el mar o en piscina, seguido de una limpieza y secado cuidadosos de la piel y colocación de un nuevo apósito. Lógicamente deben ser pacientes capaces de realizar el cambio de apósito y la cura correspondiente.

No se deben aplicar solventes orgánicos (acetona o éter) en la piel para el cambio de apósitos, ni colocar tiras autoadhesivas estériles en el punto cutáneo de inserción. Los dispositivos de fijación del catéter contra tracciones del mismo (puntos, apósitos, etc.) deben estar colocados lo más lejos posible del punto de inserción. No se recomienda el uso de pomadas antibióticas tópicas en el punto de inserción.

La conexión y desconexión del catéter al circuito de diálisis debe ser una maniobra estéril. El personal de diálisis y el paciente deben utilizar mascarilla, y el personal guantes estériles en cada manipulación Los extremos de las líneas de diálisis no deben perder la esterilidad durante el cebado, ya que deben ser manipulados por una enfermera que simultáneamente maneja las conexiones del catéter.

Una vez conectado el catéter a las líneas, se cubrirán las conexiones con una gasa estéril. No está demostrada la utilidad de impregnar esa gasa con antisépticos.

La formación de trombos y depósitos de fibrina dentro del catéter vascular se ha asociado con un aumento de la tasa de infecciones relacionadas con dichos dispositivos. El sellado de la luz (o luces) de un catéter vascular hasta su próxima utilización, se efectuará con una dilución de heparina no fraccionada al 1% tanto para mantener su permeabilidad como para reducir el riesgo de infección. El vial utilizado no se compartirá con otro paciente. La concentración de heparina efectiva para un sellado es de 20 U/ml. Si no se dispone de viales monodosis de esta concentración, se suelen utilizar las preparaciones comerciales de 1.000 U/ml sin diluir, para minimizar la manipulación. En estos casos hay que evitar que una parte de la dosis entre en la circulación sistémica no inyectando cantidades superiores al volumen de sellado del catéter.

Se pueden preparar en mesa aparte las jeringas para el sellado de los catéteres de varios pacientes del mismo turno de hemodiálisis, usando un vial nuevo de heparina al 1%, que se puede diluir en suero salino (1 ml de heparina en 9 ml de salino) en jeringas individuales para cada paciente.

El citrato a bajas concentraciones se ha propuesto como solución de sellado, por sus propiedades anticoagulantes y antimicrobianas. Pero aún está vigente un aviso de la FDA de abril de 2000, en que se alerta de paradas cardiacas por bolus de citrato próximos al corazón. La falta de estudios de seguridad ha supuesto la comercialización del citrato para sellado de catéteres como producto sanitario y no como fármaco. Una vez superado este escollo, deberá demostrar una superioridad frente a la heparina, que justifique su mayor precio.

La poligelina se ha demostrado igualmente eficaz que la heparina o el citrato (hubiera sido bueno incluir en los estudios un grupo con solución salina isotónica), pero su mayor precio y efectos adversos hacen que no se utilice.

No existen evidencias a favor del uso rutinario de soluciones antimicrobianas para el sellado de los catéteres como prevención de la bacteriemia relacionada con los mismos. Esta medida preventiva debe aplicarse únicamente en casos especiales (catéteres de larga duración con múltiples episodios de bacteriemia por catéter pese a haber seguido todas las técnicas de asepsia).

En los pacientes en HD se aconseja el empleo de tapones de un sólo uso, con rosca de seguridad (Luer-Lock). Las pinzas no garantizan la seguridad del catéter. El empleo de soluciones desinfectantes para reutilizar los tapones sólo es aceptable si se utiliza un recipiente para cada paciente, sin intercambiar tapones entre diferentes pacientes, con solución nueva en cada utilización y comprobando que los tapones se han secado sobre una gasa estéril antes de su nueva colocación.

El uso de antiagregación plaquetaria o de anticoagulación de forma rutinaria en pacientes portadores de catéteres tunelizados para hemodiálisis ha sido muy debatido[49]. Las escasas series aleatorizadas no demuestran la utilidad de la anticoagulación[50,51] ni de la antiagregación[51].

Teniendo en cuenta que el riesgo de sangrado se multiplica por tres en pacientes renales bajo terapia antiagregante52, no parece aconsejable el uso de antiagregantes o anticoagulantes de forma rutinaria en pacientes con catéteres, salvo cuando exista una indicación por otro motivo diferente.

.

1.6.- SUSTITUCIÓN

NORMAS DE ACTUACIÓN

**1.6.1.- La sustitución rutinaria de los catéteres no tunelizados no previene las infecciones del catéter ni del orificio cutáneo.
Evidencia A**

1.6.2.- Los catéteres no tunelizados en femorales han de ser retirados antes de los 7

días. No es recomendable el cambio con guía metálica en el mismo punto.
Evidencia A

RAZONAMIENTO

Los CVC para HD deben retirarse tan pronto como cese su indicación clínica. No se ha demostrado que la sustitución rutinaria de los catéteres tunelizados prevenga las infecciones relacionadas con dichos catéteres.

Los catéteres no tunelizados colocados en una situación de emergencia, en la que no se garanticen las medidas asépticas de colocación deben ser reemplazados lo antes posible, y nunca más tarde de 48 horas.

Los catéteres no tunelizados en posición femoral deben cambiarse antes de siete días. Es preferible cambiar de punto de acceso pero pueden ser sustituidos en el mismo punto mediante guía metálica, siempre que no haya signos de infección, si el riesgo de insertarlo en una nueva localización es inaceptablemente alto (por obesidad, coagulopatía, etc.).

No debe utilizarse una guía metálica para sustituir un catéter intravascular cuando hay evidencia de infección asociada al mismo. Si el paciente requiere el mantenimiento de un acceso vascular, hay que retirar el catéter e insertar uno nuevo en distinta localización.

www.ingramcontent.com/pod-product-compliance
Lightning Source LLC
Chambersburg PA
CBHW021856170526
45157CB00006B/2469